U0323539

动物请回答：你怎么保护自己？

[法]弗朗索瓦兹·德·吉贝尔 著 [法]克莱蒙斯·波莱特 绘

马由冰 译

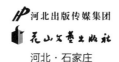

河北出版传媒集团

花山文艺出版社

河北·石家庄

园睡鼠

园睡鼠的眼睛很大，周围长着一圈黑色的毛。它们白天躲在树洞或谷仓里，
到了晚上才出来觅食。很多东西都是它们的食物：水果、种子、虫子、蜘蛛、鸡蛋等。
园睡鼠繁殖能力较低、天敌较多，近年来人类对它们的猎捕也越来越频繁，让它们濒临灭绝。

断尾逃生

园睡鼠身手敏捷、极为机灵。它们能爬到树顶上，能在绳子上平稳行走，甚至能在墙上自由攀爬。在快要被抓住的时候，它们会弄断自己的尾巴末端（通常是尾巴上的大部分皮毛脱落），转移敌人的注意力趁机逃走。

水游蛇

我们可以根据水游蛇浑圆的双眼认出它们。小水游蛇的脖子周围长有浅色的花纹。
雄性水游蛇能长到1.1米，而雌性水游蛇最长可以长到1.6米。水游蛇通常生活在河流、湖泊附近，
虽然它们很喜欢游泳，但大部分时间它们都在晒太阳和觅食。

装死

　　水游蛇没有毒腺，所以在遇到危险时，它们会首先选择逃跑。如果没有跑掉，水游蛇就会把头涨得巨大，并发出咝咝声来吓唬敌人。水游蛇还会把身子翻过来，肚皮朝天，舌头从张大的嘴里耷拉下来，企图用装死的方式迷惑敌人。真是个天生的好演员！

　　如果这些方法都不奏效，它们还有最后一招：分泌出一种刺鼻的液体，阻止敌人的攻击。

赤条蝽

赤条蝽的甲壳表面呈红褐色，上面排列着黑色条纹，腹部呈黄褐色或橙红色，
上面分布着黑色斑点。无论是在空中飞行，还是停在白色的胡萝卜花上，它们都分外显眼。
但它们并不用为此担忧，因为它们是臭虫家族的一员！

警告！不要靠近！

警告！警告！在大自然中，红色往往代表这种生物体内含有毒素。
赤条蝽的胸腹部长着臭腺，能够分泌非常难闻的化学物质，使自己奇臭无比。
对蚂蚁来说，这种刺激性液体甚至能要了它们的命。

食蚜蝇

食蚜蝇是一类腹部长着黄色和黑色条纹的昆虫。它们是黄蜂吗？不，它们其实是苍蝇的近亲。
食蚜蝇个头儿不小，有着一双大大的深红色复眼。它们能够悬停在花朵的上空，取食花蜜，
并传播花粉。它们的白色幼虫以蚜虫为食，因此，食蚜蝇很受园丁的欢迎。

伪装成黄蜂

食蚜蝇没有可以用来防身的武器，它们既不能咬人，也不能蜇人，更无法吐出酸性毒液。
为了吓走捕食者，它们"穿"着一件很像黄蜂的"条纹外衣"，还模仿黄蜂的飞行方式，
鸟和蜥蜴见了都躲得远远的。食蚜蝇的伪装尽管并不完美，但还是很有效的！

秃鼻乌鸦

秃鼻乌鸦大多生活在欧洲和亚洲。它们像其他鸦科动物一样，既聪明又善于社交。
秃鼻乌鸦是群居动物，彼此之间通过叫声来交流。它们的叫声有长有短，
有的低沉，有的尖锐，还有不同的语调，所以鸦群里总是闹哄哄的。
每到春天，人们就会听到秃鼻乌鸦的叫声，看到它们在空中盘旋的身影。

联手退敌

对于秃鼻乌鸦来说，团结就是力量，联起手来，它们能击溃比自己大得多、强壮得多的猛禽。

如果有冒失鬼敢靠近巢穴，或者想抢夺食物，秃鼻乌鸦就会聚集在一起围攻它：

它们大声尖叫，做出进攻的样子，在空中围追敌人……直到敌人夹着尾巴逃走。

蜜蜂

蜜蜂是群居动物，蜂巢里的每只蜜蜂都有自己的分工：蜂王负责繁殖；
工蜂则要负责清洁、饲养、建造、调温、保卫蜂巢安全和外出采蜜等工作，
直到它们死去。每只工蜂都长着一根渔叉状的螫针，这是它们用来自卫的武器。

集体出击

　　为了保卫蜂巢，工蜂随时准备牺牲自己。如图所示，一群工蜂正在不顾一切地攻击一只黄脚胡蜂。要知道，这通常是一项有去无回的任务！好在有些工蜂已经学会了如何更好地对付这类敌人——它们会把敌人团团围住，通过快速扇动翅膀使温度升高，将敌人活活热死。

欧洲蓝斑蜥蜴

欧洲蓝斑蜥蜴生活在气候干燥的地区，开阔林地、橄榄树丛、沙丘等都是它们的栖息地。

它们是欧洲最大的蜥蜴，身长可达 70 厘米。它们身上长着黑色、黄色和蓝色的鳞片，很好辨认。

它们主要以昆虫、蜘蛛和蛞蝓为食，也喜欢吃小一点儿的水果。

全速逃跑

这种蜥蜴虽然体形很大，但通常十分胆小，在敌人还没有发现它们之前，就一溜烟地消失在兔子洞或乱石堆中了。如果逃不掉，它们会仰起头，张大嘴巴，试图吓退敌人。但在面对狗或狐狸的尖牙利齿时，这样做就没有用了。

松鸦

这种漂亮的鸟是鸦科动物的一员，但和它们的近亲不同，松鸦的羽毛颜色鲜艳，以红褐色为主，
翅膀上长有蓝、白、黑三色相间的横斑。松鸦酷爱橡子，为了越冬，它们会到处储存橡子。
有时，它们会忘了存粮的位置，便在无意间种下了许多橡树。

飞到高处

在地面上时，松鸦随时保持警惕，总是小跳着前进。如果有谁惊动了它们，它们就会一边叫一边飞到高高的树枝上去，这样敌人就抓不到它们了。松鸦那独特的叫声对其他动物来说也是一种警示，比如松鼠，一旦听到松鸦鸣叫，它们就会找个地方躲起来。

雪兔

雪兔是冰河时代的幸存者，现在主要生活在北欧、西伯利亚和日本，
在我国分布于黑龙江、内蒙古东北部和新疆北部一带。雪兔的身体已经适应了寒冷的环境：
它们的体形比普通的野兔更大、更圆，耳朵也更短，脚底还长着长长的毛。

改变毛色

夏季，雪兔的体毛为灰褐色，所以它们躲在岩石之间很难被发现。但到了冬天，万物覆盖在白雪之下，这身皮毛就变得极为显眼。因此在冬天来临前，它们必须换一身"迷彩"！
秋季，它们灰褐色的体毛开始一绺绺地脱落，被更加厚实的白色体毛替代。
大概两个星期之后，它们就基本完成换毛了。

石蛾

石蛾是一种长着翅膀的小型昆虫，它们只能存活几个星期，这个时间刚好够用来繁殖。雌虫会在干净的水中产下虫卵。幼虫发育成熟需要一年多的时间，它们以植物为食，依靠前肢移动。石蛾幼虫的头部和胸部都覆盖着一层甲壳，而腹部却非常柔软。

建造避难所

石蛾又被称为"水中建筑师"，因为它们的幼虫会搜集水中的树叶、小树枝、沙子或贝壳，
建造一个类似睡袋的巢。建成之后，它们会用后肢抓住睡袋，然后把身子塞进去。
这样一来，不仅脆弱的腹部得到了保护，它们还能以此为掩护，避开鳟鱼和其他捕食者。

^{xiāo}

长耳鸮

长耳鸮是一种夜行性猛禽，它们白天藏在树上，到了晚上才会去附近的田野或沼泽里捕食小型啮齿动物。长耳鸮身长 30 多厘米，体重只有 300 克左右，棕黄色的羽毛上缀有黑褐色条纹，耳羽发达，长约 5 厘米。它们的幼鸟长得毛茸茸的。

威吓敌人

当长耳鸮夫妇注意到有敌人靠近鸟巢时，它们会在敌人周围盘旋，把喙咬得咯咯作响，
有时还会向着敌人俯冲下来。它们也会装出受伤的样子来吸引敌人的注意力。
如果幼鸟被吓得从巢里掉了出来，它们则会张开翅膀，竖起羽毛来威吓敌人。

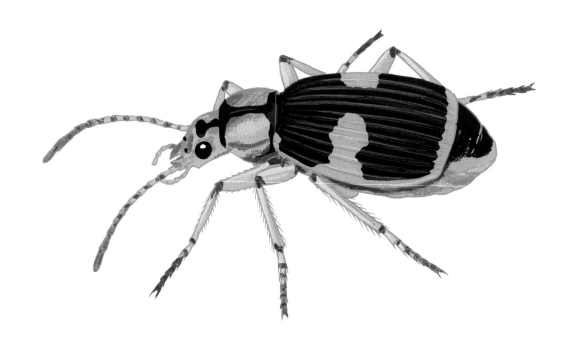

气步甲

世界上大约有 500 种气步甲。像大多数昆虫一样，气步甲的一生会经历以下阶段：

从虫卵变成幼虫，幼虫结蛹，最后发育为成虫。

气步甲身体修长，腿部细长，头上长着两根长长的触角，背上的鞘翅闪烁着金属光泽。

尾部开炮

当气步甲遭到攻击时，它们的尾部会发出爆响，并喷出一种刺激性液体。
这种液体是由储存在尾部的两种物质经过化学反应形成的，
平时，气步甲将它们分开储存，一旦遇到危险就将其混合。这种接近 100°C 的毒液能
以约 10 米 / 秒的速度迅速喷出，蚂蚁沾上了就会当场死亡！

间斑寇蛛

间斑寇蛛是一种小型蜘蛛，大多生活在野外的石缝、低矮植物丛或土洞中，
也有一些藏身在人类的住宅中。间斑寇蛛的黑色身体上长有红色斑点，体长一般不超过 1.5 厘米。
如果有昆虫被它们的蛛网困住，它们就会用螯牙将其咬住，使其麻痹。

致命一咬

间斑寇蛛的攻击性并不强，它们的体色已经足够让捕食者敬而远之。
但有时也会有人类不小心惊扰到它们，然后被咬上一口。注意！被间斑寇蛛咬了可不是小事。
它们的毒液会伤害神经系统，使人头晕、恶心、乏力等，严重时会引起休克。

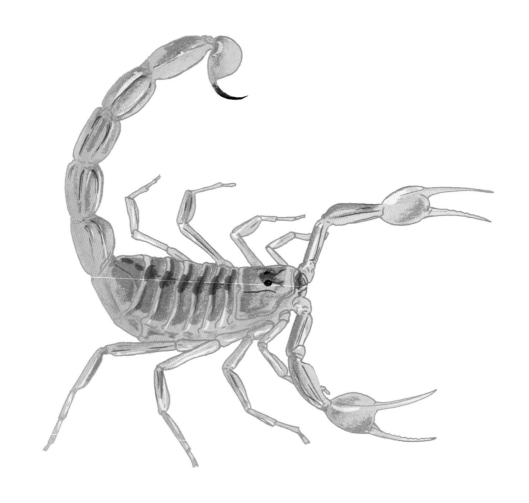

朗格多克蝎

朗格多克蝎体长约 8 厘米，是法国最大的蝎子。这种蛛形纲动物长着 8 条腿和 2 只强有力的螯肢。
它们的尾巴末端长有毒刺，毒刺内有毒腺，能够分泌毒液，用来打败某些体形较大的猎物。
它们是夜行性捕食者，白天会躲在干燥的石头下面。

使用毒刺

朗格多克蝎是致命的北非毒蝎的近亲，被它们蜇一下不仅非常疼，而且还会腹泻和呕吐，
但一般来说不会危及生命。在面对捕食者时，尽管毒刺能够保护它们，
但大多数情况下它们会选择逃跑，而不是使用毒刺。

灰雁

灰雁是欧洲家鹅的祖先，这种野生鸟类可以活 20 多年。春天，灰雁会集结起来，迁徙到斯堪的纳维亚半岛，在那里生下并养育约 6 只幼鸟。灰雁一生只有一个伴侣。大概两个月大的时候，小灰雁就会飞了，这时全家会一起飞往温暖的南欧过冬。

追着咬

如果有入侵者靠近，雌灰雁会高声鸣叫以示警告。

为了保卫家园，雄灰雁会张大嘴巴，伸出舌头，把头贴近地面，大叫着向入侵者发动攻击。

据说在古代，罗马人曾靠灰雁的叫声察觉到了高卢人的入侵。

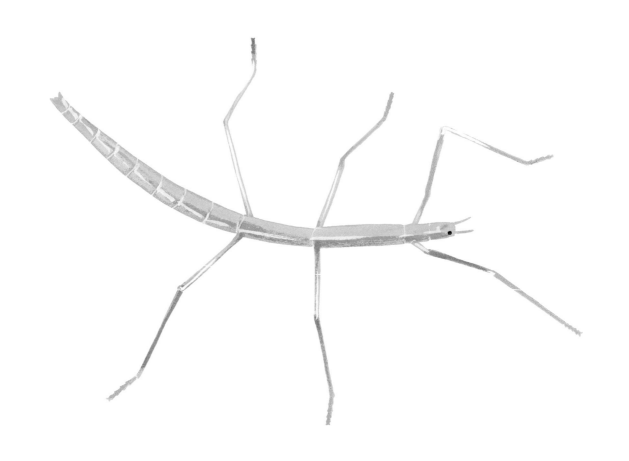

竹节虫

竹节虫主要分布在热带和亚热带地区，生活在森林或竹林中，常常在晚上出来活动，
吃植物的叶子。它们是昆虫中身体最为修长的种类，体长可达 64 厘米，体色大多为绿色或黄褐色。
它们的繁殖方式很特别，有些雌虫不需要雄虫参与也能产卵，生下无父的后代。

伪装大师

　　在希腊语中，竹节虫是"幽灵"的意思。这个说法很形象，因为当它静伏在树枝或竹枝上时，活像一根枯枝或枯竹，很难分辨。为了使自己的伪装更完美，它们可以一整天都纹丝不动。如果这样还是被鸟儿发现了，它们还有别的伎俩：它们会任由自己摔到地上，就像死了一样，如果有必要，它们还可以断足求生。

青灰拟球海胆

这种海胆在地中海很常见，直径可达 8 厘米，生活在海底的岩石缝中，
紫色的最常见，也有橄榄绿和棕色的。它们的身体表面长满了密密麻麻的棘刺。
它们利用这些棘刺在石头上凿出庇护所，用来抵御海浪的侵袭。
到了晚上，这些棘刺能充当它们的"脚"，让它们在海底移动，从而找到藻类等食物。

刺人很疼

青灰拟球海胆的棘刺长约 3 厘米，当海胆受到捕食者攻击时，这些棘刺能很好地保护它们。
即便如此，它们依然极力保护自己，在移动的时候会用贝壳和石子盖住自己的身体，
因为它们可能会被海星捕食——海星能把它们翻过来，攻击它们的弱点。

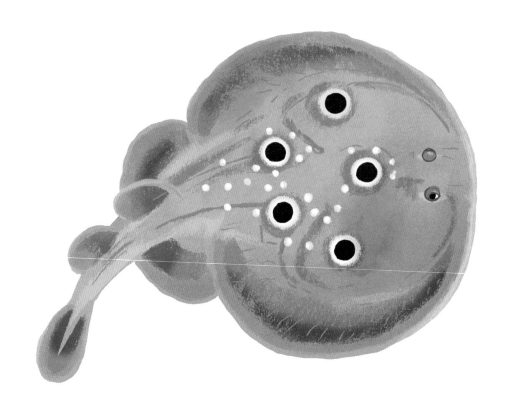

石纹电鳐

石纹电鳐是一种体形扁平的鱼类，大多生活在地中海和热带海域。
它们会隐藏在海底的泥沙中，静静等待鳚鱼、绯鲤、虾虎鱼等猎物靠近，
然后对它们进行电击。一旦猎物陷入麻痹，石纹电鳐就会毫不客气地享用美味。

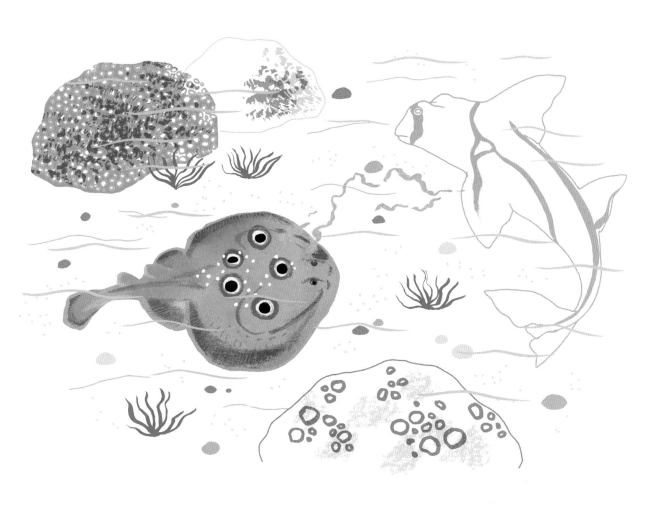

电击

对石纹电鳐来说，电击也是一种绝佳的防御手段。它们的发电器官长在头部两侧，
由许多储存着电力的细胞组成，就像电池一样。
石纹电鳐所释放的电压可以达到 220 伏特，因此每次"充电"都要花费很长的时间。

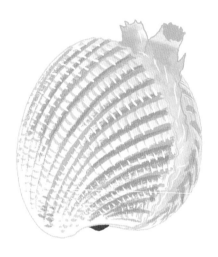

hān

蚶子

蚶子是一种软体动物，它们长着两扇贝壳，中间可以打开一条小缝。它们生活在湿润的沙子底下。
有时，我们会在沙滩上看到两个并排的小孔，那是蚶子专门在沙面制造的出入水口。
蚶子正是靠它们吸入海水，并将其中的浮游生物和微生物转化为自己的养分。

藏起来

蛏子的寿命最长可以达到 10 年。平时，它们藏在沙子或淤泥下，很难被捕食者发现。
它们的两扇贝壳紧紧关着，一般捕食者很难打开。然而，像蛎鹬这种长着锋利喙的鸟类，
能够轻易地将它们的壳撬开，并咬断里面的肌肉。

héng

剑鸻

有时，我们会在沙滩上看到成群结队的剑鸻追着海浪奔跑，
那是它们在捕食小型甲壳动物和蠕虫。4月，雄鸟会在沙地上打好几个洞，让雌鸟挑选未来的巢穴。
在洞底铺上石子和树枝后，雌鸟会在那里产下约4枚鸟蛋，然后和雄鸟一起孵化25天左右。

假装受伤

在受到威胁时，剑鸻会飞到空中，这样大概率能逃掉。在孵蛋期间，如果有捕食者靠近巢穴，
剑鸻夫妇中会有一只装出受伤的样子来分散敌人的注意力。它将一侧翅膀拖在地上，
看起来像折断了一样，同时大声鸣叫。等到捕食者被它引到远离巢穴的位置，
它就会在其鼻子底下起飞，然后扬长而去。

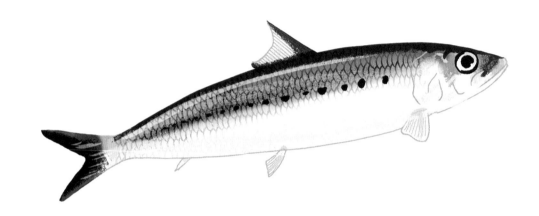

沙丁鱼

沙丁鱼生活在由成千上万条同类组成的鱼群里，它们会在白天潜入海里，
到了晚上再浮到离海面近的水域。这种小鱼一般体长 15 ～ 30 厘米，腹部银白色，
背部青绿色，有彩虹般的光泽，体侧有蓝黑色斑点。

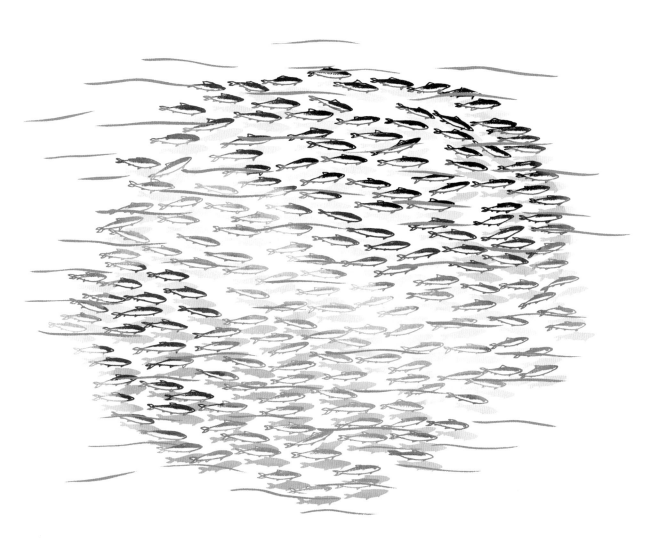

聚成球状阵形

沙丁鱼的体色能很好地隐藏它们的行踪：从上方看，它们与蓝色的海水融为一体；
从下面看，它们又与光颜色相近。在遭到攻击时，沙丁鱼会拉近
彼此的距离，聚成一个紧密的球状阵形，既方便相互交流，又能给捕食者造成混乱。

地中海红海星

这种海星的体色非常鲜艳，所以捕食者往往一眼就能看到它们。它们主要生活在地中海，
在英吉利海峡和大西洋也能看到它们的身影。它们直径在 15 ～ 20 厘米之间，长着 5 条腕足。
腕足下侧长有成行的管足，管足末端有吸盘，能够帮助它们牢牢抓住岩石表面。
它们大多栖息在海面附近，有时也会潜入海中，潜水深度可达 250 米。

自断腕足

当地中海红海星被敌人抓住时，它们会主动扯下一条腕足来保全自己。但很快它们就会长出一条新腕足，新腕足会在一年之后长到正常大小。它们甚至能够在仅剩部分身体核心的情况下，重新长成一个完整的海星，有时可能还会长出 6 条或者更多腕足。

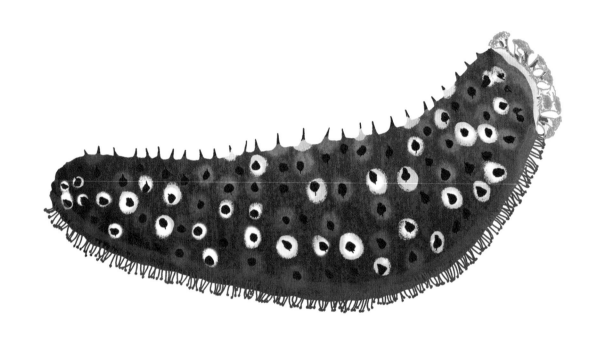

海参

海参长相怪异，长长的圆柱形身体可以长到 30 厘米长，嘴巴周围长满了可以伸缩的触手。它们在夜晚出没，吞食细沙中的有机碎屑。海参的腹部长有管足，能帮助它们在海底移动。

缠住敌人

尽管海参看上去有些笨拙，但它们其实非常擅长自我防御。海参会不停地释放对鱼类有害的毒素，
还能瞬间让自己的身体变硬。在紧要关头，海参会从体内排出一种叫作居维氏管的器官，
这是一种黏性很强的丝状物，能将袭击者缠住。

普通黄道蟹

普通黄道蟹俗称"面包蟹",因为它们的外形看起来像面包。它们宽约 30 厘米,是欧洲海岸最大的螃蟹。我们很少在沙滩上看到它们,因为它们白天会躲起来,到了晚上才出来觅食。它们的甲壳呈红棕色,第一步足是两只强壮的钳,可以用来夹碎贝类和软体动物等。

钳住敌人

通常情况下，普通黄道蟹的攻击性不强，但你还是得小心它们的大钳子。一旦夹住了目标，它们可不会松手。这对钳子极为有力，可以轻松夹断一根手指！在甲壳和钳子的保护下，普通黄道蟹的天敌很少，只有在蜕壳时才容易遇到危险。

枪乌贼

枪乌贼的头部有 8 条腕足和 2 条触腕，上面长有吸盘。除了产卵期，这种身体细长的头足纲动物都生活在远离海岸的地方。枪乌贼通过喷射体内的海水来推动身体，进行"后退式"移动，它们也因此得到了"海洋之箭"的绰号。它们身体两侧的三角形肉鳍也能帮助它们缓慢移动。

喷墨

枪乌贼体内含有大量黄色或深棕色的色素细胞，因此它们能够不断变换身体的颜色，从而躲过敌人的视线。在遭到攻击时，它们会喷出墨汁，然后利用墨汁散成的"黑雾"掩护自己逃走。这团深色的"迷雾"会持续好几分钟，在敌人分不清方向的时候，它们可以趁机逃得远远的。

大红真寄居蟹

这种红色甲壳类动物长约 10 厘米，生活在地中海和大西洋岩石较多的区域。

像其他寄居蟹一样，大红真寄居蟹的头部和腿部覆盖着坚硬的甲壳，而腹部却很柔软。

为了保护脆弱的腹部，它们会精心选择一个适合自己体形的软体动物的空壳，然后住进去。

与海葵结盟

为了使自己更安全，大红真寄居蟹会用钳子从岩石上剥下海葵，放在自己的贝壳上。
在它们遭到章鱼攻击时，海葵会射出能麻痹敌人的刺丝来保护它们。
作为回报，海葵能分到它们的剩饭。如果要更换贝壳，它们会把海葵也一起带走。

绿双冠蜥

这是一种有着长尾巴的绿色蜥蜴，主要栖息在南美洲的热带雨林里。

雄性绿双冠蜥头上长有头冠，看起来像一只树栖恐龙。

它们从一根树枝爬到另一根树枝捕食昆虫，偶尔也吃水果，有时还会捕食小鱼。

实际上，这种爬行动物是游泳健将，并且从不在远离河流的地方生活。

水上疾走

尽管绿双冠蜥在植物的掩护下不是很显眼，但有时也免不了要溜之大吉。

在遇到危险时，它们会纵身一跃，跳入水中，两条后腿飞快地轮流拍打水面，在水面上快速奔跑。

如果人类也想实现这一壮举，奔跑速度至少要达到 110 千米 / 时。

羊驼

羊驼拥有长长的脖子、竖起的双耳和厚厚的皮毛。它们原产于安第斯山脉，
那里的生存环境十分恶劣：水资源匮乏，昼夜温差极大。
羊驼是骆驼的近亲，它们平时生活在小型群体中，
紧密团结在领头的雄性羊驼（只有这一头雄性有权繁殖后代）周围。

吐口水

为了不被美洲狮袭击，羊驼群的成员们会轮流放哨。一旦发现危险，"哨兵"就会发出一声尖锐的警告，其余的羊驼会立刻逃跑，而雄性领头羊驼会留下来退敌。它会朝美洲狮的眼睛吐口水，口水里混合着胃液及未消化的食物。美洲狮会因此失去视觉和嗅觉长达几个小时。

注意！如果惹毛了羊驼，它们也会向你吐口水。

箭毒蛙

箭毒蛙是一种小型蛙，主要分布在南美洲的热带雨林中。它们一般生活在陆地上，
以蚂蚁、白蚁和蜘蛛为食。箭毒蛙的领地意识很强，对同类往往表现出极强的攻击性。
箭毒蛙的蝌蚪是肉食性的，为了避免它们相残，一旦有蛙卵发育成蝌蚪，
雄蛙就会将其单独安置在树上有适量积水的地方，让其在那里长大。

分泌毒液

箭毒蛙鲜艳的体色是对捕食者的一种警告。这可不是在吓唬人！

它们背上长着的小型腺体能分泌一种有毒的黏液，里面的毒素能够破坏神经系统。

生活在亚马孙河流域的一些印第安人会在箭头上涂抹箭毒蛙的毒液，以增强杀伤力。

条纹臭鼬
yòu

条纹臭鼬个头儿和猫差不多大，有着长长的黑白相间的体毛，尾巴能高高立起。
在北美洲，人们很容易发现它们，因为它们一般生活在离人类居住地不远的地方。
它们以老鼠、蠕虫和鸡蛋为食。条纹臭鼬并不好斗，遇到敌人总是先选择逃跑。
但如果有狗或其他动物把它们逼得太紧，那这些动物可要当心了！

喷射臭液

条纹臭鼬的武器很厉害：尾巴根部的两个腺体能分泌臭液——一种黄色的油性液体，气味非常难闻，一般在 800 米之内都能闻到。它们会翘起尾巴，朝入侵者喷射臭液，刺激它们的眼睛，使它们暂时性失明。不幸的是，像雕鸮这样的猛禽闻不到气味，如果遇到它们，条纹臭鼬就只能沦为盘中餐了。

美洲鸵鸟

美洲鸵鸟是美洲大陆上最大的鸟类，体重可达 25 千克，身高可达 1.6 米。

它们生活在南美洲的大草原上，主要以植物的根、茎、叶和果实为食。

美洲鸵鸟有着修长的双腿、细长的脖子和蓬松的羽毛，外形和它们的近亲非洲鸵鸟很像。

急转弯

美洲鸵鸟不会飞，遇到危险通常会选择逃跑。因为拥有修长的双腿和长着 3 根脚趾的大脚，所以它们非常善于奔跑，奔跑速度可以达到 60 千米 / 时。鸵鸟奔跑起来呈"Z"字形，它们擅长急转弯，因为它们的翅膀能够保持身体平衡。

大猩猩

大猩猩生活在由家庭成员组成的小群体中，通常由一只超过 12 岁的雄性大猩猩率领，
进行觅食和活动。年长的大猩猩被称为"银背"，因为它们的背部会随着年龄的增长变成银灰色。
成年雄性大猩猩力量惊人，它们拥有肌肉发达的肩膀、大大的手掌和强壮的胸部，
不过它们是一种温和的动物。

拍打胸脯

当两只雄性大猩猩相遇时，它们往往会避开对方。如果想要给对方留下深刻印象，它们会做出一系列示威行为：先直立身体，扯一把树叶撒向空中，再拍打胸脯，龇牙咧嘴地大叫，重重地跺脚，然后各走各的路。雄性大猩猩之间很少爆发真正的冲突，但是一旦真刀真枪地打起来，往往免不了伤亡。

mǒng

狐獴

狐獴是一种社会性极强的动物。一个狐獴群中大约有 30 只狐獴，它们共同生活在一个地洞中。

这些非洲沙漠的居民会在白天出来活动，捕食昆虫，但它们不会离群太远。

狐獴彼此之间非常亲近，喜欢互相爱抚。

放哨

狐獴被称为"沙漠哨兵"，因为它们视力敏锐且时刻保持着警惕。成年狐獴会后腿站立轮流放哨，一旦胡狼、蟒蛇或猛禽等来犯，它们会立刻将消息告诉同伴。"哨兵"发现捕食者后，会用叫声来表明危险是远还是近，是来自天空还是地面。

豹变色龙

豹变色龙原产于马达加斯加岛，不同地区的雄性豹变色龙有着不同的体色。
这种爬行动物能借助有力的趾和尾巴挂在树枝上，缓慢地移动，捕食昆虫。
一旦发现猎物，它们就会迅速伸出黏黏的舌头将其捕获。

改变体色

注意！豹变色龙并不像动画片中那样可以随意改变体色，而是随着环境发生变化，从而隐藏行踪。如果一只雄性豹变色龙频繁地变换体色，那大概率是为了传递某种信号。例如：如果体色变深，说明它感受到了压力；如果体色变得更鲜艳，则说明它正在求偶。

印度犀

印度犀主要分布于印度北部和尼泊尔等地。与它们的近亲非洲犀一样，印度犀有着庞大的体形，体重可达 2.2 吨，体长可达 4 米。印度犀只有一只角，由角蛋白构成，这也是人类头发的主要成分。犀角从印度犀 1 岁时开始生长，长度可达 60 厘米。在野外，印度犀的寿命一般为 40 年左右。

皮糙肉厚

印度犀厚实又坚硬的皮肤就像铠甲一样，保护它们免遭尖牙利爪的伤害。

但其实印度犀的皮肤非常敏感，为了不被太阳晒伤，它们会长时间泡在水里。印度犀还害怕虫子，因为它们会叮咬犀牛皮褶之间细嫩的皮肤。幸好，有些鸟类会帮助印度犀除掉这些讨厌的虫子。

伞蜥

伞蜥是一种大型蜥蜴，主要分布于澳大利亚。它们长得很像恐龙，也很像龙。伞蜥拥有长长的尾巴和尖利的小爪子。它们的脖子周围长有一圈伞状褶皱，平时像披肩一样压在肩上。伞蜥主要以昆虫为食，大多数时间生活在树上，偶尔也会到地面上觅食。

虚张声势

如果伞蜥察觉到危险，它们会迅速逃到树上去。但如果有捕食者接近，
它们则会突然张大嘴巴，并张开脖子上的褶皱来吓唬对方，褶皱的宽度可达 30 厘米！
不管这招儿管不管用，它们接下来都会溜之大吉。

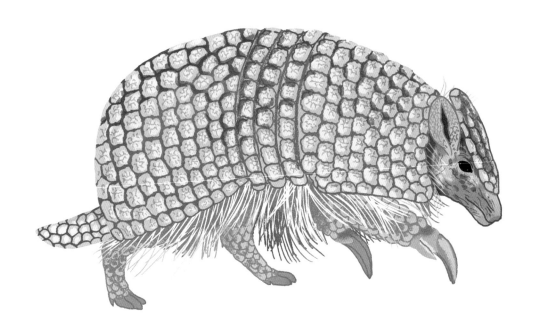

巴西三带犰狳

<ruby>犰<rt>qiú</rt></ruby><ruby>狳<rt>yú</rt></ruby>

巴西三带犰狳生活在南美洲的稀树草原上和干燥的灌木丛中。

它们会用锐利的爪子破坏蚁穴，然后用尖尖的嘴和黏糊糊的舌头捕捉白蚁和蚂蚁来吃。

它们是 2014 年巴西世界杯吉祥物的原型。

蜷成一个球

巴西三带犰狳的头部、背部和尾部都覆盖着鳞片。在遇到危险的时候，它们会把整个身子蜷成一个球，一动也不动。当有动物试图咬它们时，这种防御方式非常有效，因为它们身上脆弱的部分都被保护得很好。但对于偷猎者来说，它们却是极易得手的目标。

粉红下翅蛾

粉红下翅蛾是一种原产于澳大利亚的大型夜蛾。成虫有着深褐色、略带光泽的翅膀，当它们
将翅膀完全展开时，可以看到其后翅上有两处美丽的粉红色斑纹。幼虫体色更浅一些，
体长可达约 12 厘米。粉红下翅蛾以成熟或腐坏的水果为食。

吓退敌人

　　粉红下翅蛾收起翅膀的时候，看上去就像一片枯叶，它们以此来伪装自己。
与成虫相比，幼虫的外貌要夸张得多。遇到捕食者时，幼虫会低下脑袋，弓起背部，
露出一张"骷髅脸"——由黑色、蓝色和黄色组成的两块斑点像两只巨大的眼睛，
两个"眼睛"之间排列着类似牙齿的白色斑点，从而吓退敌人。

六斑刺鲀
tún

六斑刺鲀长相奇特：头和身体前部粗圆，眼球突出。它们主要生活在浅海礁石区，
在夜间捕食甲壳类和软体动物，能用喙状齿板咬碎它们的外壳。
六斑刺鲀的内脏和生殖腺有剧毒，已被列入《世界自然保护联盟濒危物种红色名录》。

鼓成球状

六斑刺鲀身上没有鳞片，但有又长又硬的棘刺，这些棘刺平时贴在身上，在遇到危险的时候才会派上用场。一旦有捕食者接近，六斑刺鲀就会迅速利用水和空气将身体鼓成球状，棘刺也随之立起。谁会想把这样一个浑身是刺的"栗子球"塞进嘴里呢！

花纹细螯蟹

这种漂亮的甲壳类动物体长 2 ~ 5 厘米，生活在珊瑚礁附近。像其他螃蟹一样，它们长有 5 对足，但螯足通常会被自己举着的白色小海葵挡住。它们利用海葵黏黏的触手来捕捉猎物。只有在蜕壳的时候，它们才会暂时把海葵放下。

挥舞"拳套"

在面对捕食者时，花纹细螯蟹会挥舞螯足上的海葵，就像戴着拳套的拳击手一样。
大多数情况下，敌人会知难而退，因为它们害怕海葵那能引起麻痹的触手。
如果花纹细螯蟹不小心遗失了一只宝贵的海葵，它们会立刻从别的螃蟹那儿偷一只，
或者把剩下的那只切成两半，因为海葵有很强的再生能力。

小飞鼠

你认识这种小巧可爱的松鼠科动物吗？小飞鼠主要生活在欧亚大陆北部的森林中。
它们非常胆小，会躲在啄木鸟啄出的洞里，远离人类活动。小飞鼠不冬眠，会随季节的变化调整
食谱，主要以嫩芽、树叶、种子和果实为食。它们的前肢和后肢由一层薄薄的皮膜连接。

滑翔高手

小飞鼠是十分优秀的滑翔运动员，能够在皮膜的帮助下滑到几十米开外。
它们会先确定好终点，然后从树上跳下，悄无声息地滑落。
小飞鼠能在飞行过程中改变方向，有时还能利用气流由低处向高处滑翔。

shè

麝牛

麝牛被因纽特人称为"皮毛像胡子的动物"。多亏了这身厚实的皮毛，它们才能度过北极寒冷的冬季。夏季，北极苔原上植物茂盛，麝牛每天都会四处走动，寻找食物。

它们要为冬天储备必不可少的脂肪，因为到了冬天，万物都会被大雪覆盖。

聚成防御阵形

麝牛是群居动物。当天敌北极狼接近时，成年麝牛会把幼牛围在中间，面对麝牛坚硬的牛角，
北极狼可不敢轻举妄动。在遇到暴风的时候，成年麝牛会聚成三角形的阵形来保护幼牛。

条纹蛸
shāo

条纹蛸是一种小型章鱼，主要分布于东海、南海及日本南部海域。它们通常生活在海底广阔的
沙砾地带，移动时总是拖着一个空椰子壳或一个大大的贝壳，尽管这样会让它们行动不便。
那么，条纹蛸为什么要自讨苦吃呢？

自制盔甲

原来，如果不想办法保护自己，身体柔软的条纹蛸很容易沦为大型鱼类的美餐。如果遇到危险，它们会先滑进椰子壳或贝壳里，再用触手把壳合上。它们甚至可以卷起自己的"盔甲"逃跑。条纹蛸是唯一一种懂得使用工具的无脊椎动物。

同系列作品

《呀！蔬菜水果》

《来！认识身体》

《动物请回答：你住哪里？》

《动物请回答：你吃什么？》

《动物请回答：你怎么出生的？》

图书在版编目（CIP）数据

动物请回答：你怎么保护自己？ / （法）弗朗索瓦
兹·德·吉贝尔著；（法）克莱蒙斯·波莱特绘；马由
冰译. -- 石家庄：花山文艺出版社，2023.7
ISBN 978-7-5511-6744-4

Ⅰ. ①动… Ⅱ. ①弗… ②克… ③马… Ⅲ. ①动物—
儿童读物 Ⅳ. ①Q95-49

中国国家版本馆CIP数据核字(2023)第072739号
河北省版权局登记 冀图登字：03-2023-051

First published in France under the title:
Dis, comment te defends-tu?
Françoise de Guibert and Clémence Pollet
© 2021, La Martinière Jeunesse, une marque des Éditions de La Martinière, 57 rue Gaston Tessier, 75019 Paris
Current Chinese translation rights arranged through Divas International, Paris
巴黎迪法国际版权代理（www.divas-books.com）

本书中文简体版权归属于银杏树下（上海）图书有限责任公司

书　　名：**动物请回答：你怎么保护自己？**
Dongwu Qing Huida Ni Zenme Baohu Ziji

著　　者：［法］弗朗索瓦兹·德·吉贝尔　　　　绘　　者：［法］克莱蒙斯·波莱特
译　　者：马由冰

选题策划：北京浪花朵朵文化传播有限公司　　　出版统筹：吴兴元
编辑统筹：彭　鹏　　　　　　　　　　　　　　责任编辑：温学蕾
责任校对：李　伟　　　　　　　　　　　　　　特约编辑：陆　叶
美术编辑：王爱芹　　　　　　　　　　　　　　营销推广：ONEBOOK
装帧制造：墨白空间·严静雅
出版发行：花山文艺出版社（邮政编码：050061）
　　　　　（河北省石家庄市友谊北大街330号）
印　　刷：天津图文方嘉印刷有限公司　　　　　经　销：新华书店
开　　本：889毫米×1194毫米　1/24　　　　　印　张：4
字　　数：50千字
版　　次：2023年7月第1版
　　　　　2023年7月第1次印刷
书　　号：ISBN 978-7-5511-6744-4　　　　　定　价：65.00元

官方微博：@ 浪花朵朵童书

读者服务：reader@hinabook.com 188-1142-1266

投稿服务：onebook@hinabook.com 133-6631-2326

直销服务：buy@hinabook.com 133-6657-3072